中国的海洋生态环境保护

（2024 年 7 月）

中华人民共和国
国务院新闻办公室

人 民 出 版 社

目 录

前　言

　　海洋约占地球表面积的 71%，是生命的摇篮、人类文明的源泉。海洋生态环境关乎地球生态平衡和资源合理利用，关乎人类文明永续发展，关乎海洋命运共同体的现实与未来。保护好海洋生态环境，对保障国家生态安全、促进海洋可持续发展、实现人海和谐共生具有重要作用。坚定保护和改善海洋环境、保护和可持续利用海洋资源是各国共同的责任使命。

　　中国是海洋生态环境保护的坚定推动者和积极行动者，保护好海洋生态环境关乎美丽中国和海洋强国建设。多年来，中国坚持生态优先、系统治理，统筹协调开发和保护的关系，以高水平保护支撑高质量发展，努力构建人海和谐的海洋生态环境。

　　中共十八大以来，习近平总书记对海洋生态环境保护作出一系列重要论述，强调"要像对待生命一样关爱海洋"。在习近平生态文明思想指引下，中国适应海洋生态环境保护的新形势、新任务、新要求,开展了一系列根本性、开创性、长远性工作,推动海洋生态环境保护发生了历史性、转折性、全局性变化。经过不懈努力,中国海洋生态环境质量总体改善,局部海域生态系统服务功能显著提升,海洋资源有序开发利用,海洋生态环境治理体系不断健全,人民群众临海亲海的获得感、幸福感、安全感明显提升,海洋生态环境保护工作取得显著成效。中国积极推进海洋环境保护国际合作,切实履行国际公约责任义务,为全球海洋环境治理提出中国方案、贡献中国力量,彰显了负责任大国的作为和担当。

为介绍中国海洋生态环境保护的理念、实践与成效,增进国际社会对中国海洋生态环境保护的了解和理解,促进海洋生态环境保护国际合作,特发布本白皮书。

一、构建人海和谐的海洋生态环境

海洋事业关系民族生存发展,关系国家兴衰安危。保护好海洋生态环境关乎建设人与自然和谐共生的现代化。中国全面贯彻新发展理念,高度重视海洋生态环境保护工作,立足基本国情和发展阶段,不断深化海洋生态环境保护认识,持续完善海洋生态环境保护体系,加快推进海洋生态文明建设。

新中国成立后,随着海洋事业不断发展,中国重视海洋生态环境问题,高度关注海洋生态环境保护。1964 年国家海洋局成立后,中国海洋生态环境管理体制逐步建立。1982 年海洋环境保护法颁布,标志着中国海洋环境保护事业进入法制化轨道。1999 年修订海洋环境保护法,推动海洋环境保护由侧重污染防治向兼顾生态保护转变。中国制定《中国海洋 21 世纪议程》,落实联合国 2030 年可持续发展议程,推动海洋生态环境保护向系统化、专业化发展。2023 年再次修订海洋环境保护法,实现向陆海统筹、综合治理的系统性转变。

中国立足增强陆海污染防治协同性和生态环境保护整体性,把海洋生态环境保护纳入国家生态环境保护体系,逐步打通陆地与海洋,强化陆海生态环境保护职能的统筹协调,建立健全陆海统筹的海洋生态环境治理体系。通过持续加强海洋环境污染防治,积极开展海洋生态保护和修复,深入打好重点海域综合治理攻坚战,中国的海洋环境质量大幅改善,局部海域生态系统服务功能明显提升,资源有序开发利用和海洋经济绿色转型进程明显加快。

中国海洋生态环境保护事业在继承中发展,在探索中创新,努力构建人海和谐的海洋生态环境。

——坚持尊重自然、生态优先。牢固树立尊重自然、顺应自然、保护自然的理念,客观认识海洋生态系统的自然规律,从海洋生态系统演替和内在机理出发,着力提高海洋生态系统自我调节、自我净化、自我恢复的能力,增强生态系统稳定性和生态服务功能。坚持底线思维、生态优先,把海洋生态文明建设纳入海洋开发总布局之中,筑牢海洋生态环境保护屏障,科学合理开发利用海洋资源,促进人海和谐。

——坚持一体保护、系统治理。海洋生态环境保护是一项系统工程。中国坚持系统观念、统筹兼顾,坚持开发和保护并重、污染防治和生态修复并举,陆海统筹推进海洋生态环境保护。坚持河海联动、山海互济,打通岸上水里、陆地海洋以及流域上下游,构建区域联动、部门协同的保护治理、监管执法协作机制,探索建立沿海、流域、海域协同一体的综合治理体系。

——坚持依法依规、严格监管。中国以最严格制度、最严密法治保护海洋生态环境。坚持依法治海,统筹推进相关法律法规制修订,建立海洋生态环境保护法治体系,实施最严格的海洋生态环境治理制度。强化海洋生态环境分区管控、监测调查、监管执法、考核督察等常态化、全过程监督管理,发挥中央生态环境保护督察利剑作用和国家自然资源督察监督作用,重拳出击、重典治乱,严厉打击破坏海洋生态环境的行为。

——坚持创新驱动、科技引领。中国坚持创新驱动发展,强化海洋生态环境保护技术体系、监测评估和体制机制创新,科学决策、精准施策,推动海洋生态环境保护实现数字化、智能化转型升级。实施"科技兴海"战略,充分发挥科技在海洋生态环境保护方面的引领作用,努力突破制约海洋生态环境保护和海洋经济高质量发展的科技瓶颈,运用陆、海、空、天多种手段,提高海洋生态环境监测、治理、监管、应急能力和技术水平。

——坚持绿色转型、低碳发展。碧海银滩也是绿水青山、金山银山。中国坚持绿色发展理念,探索海洋绿色发展路径,推动海洋开发方式向循环利用型转变,大力发展生态旅游、生态渔业等绿色产业,不断拓展生态产品价值实现路径,以海洋生态环境高水平保护促进沿海地区经济高质量发展、创造高品质生活。立足"双碳"战略目标,以减污降碳为抓手,协同推进海洋领域增汇与减排,发展海洋牧场、海上风电等绿色低碳经济新业态,促进海洋产业绿色低碳转型,加快推动海洋绿色低碳可持续发展。

——坚持政府主导、多元共治。坚持政府海洋生态环境保护主导地位,在制度设计、科学规划、监管服务、风险防范等方面发挥关键作用,建立中央统筹、省负总责、市县抓落实的海洋生态环境保护工作机制。激活经营主体、交易要素和社会资本参与海洋生态环境保护,打造可持续的海洋环境保护和生态修复模式,全社会协同发力、多元共治,努力构建党委领导、政府主导、企业主体、社会组织和公众共同参与的现代海洋生态环境治理体系。

——坚持人民至上、全民参与。中国坚持生态惠民、生态利民、生态为民，不断满足人民群众对良好生态环境新期待，切实解决突出海洋生态环境问题，不断提升亲海品质，努力让人民群众吃上绿色、安全、放心的海产品，享受到碧海蓝天、洁净沙滩，不断提高人民群众的亲海获得感、幸福感、安全感。坚持为了人民、依靠人民，弘扬人海和谐共生的海洋生态文化，形成全民积极参与海洋生态环境保护的共识和行动自觉，打造海洋生态环境保护共建、共治、共享新格局。

——坚持胸怀天下、合作共赢。中国秉持海洋命运共同体理念，以开放的胸襟、包容的心态、宽广的视角，与世界各国人民风雨同舟、荣辱与共，共同应对海洋生态环境挑战，坚决维护人类共同利益，为子孙后代留下一片碧海蓝天。坚持互信、互助、互利的原则，促进海洋生态环境保护国际合作，共享保护和发展的丰硕成果，为共建清洁美丽的海洋贡献中国智慧、中国力量。

二、统筹推进海洋生态环境保护

中国高度重视海洋生态文明建设和海洋生态环境保护，强化顶层设计，坚持规划引领，加强统筹协调，建立健全法律法规和制度体系，不断完善体制机制，推动海洋生态环境保护事业顺利发展。

（一）规划引领

中国立足海洋生态环境保护新形势新任务新要求，以国民经济和社会发展规划为依据，与国土空间规划相衔接，制定海洋生态环境保护专项规划和相关领域规划，引领海洋生态环境保护各项工作。

系统谋划海洋生态环境保护工作。海洋生态环境保护相关规划是指导实施海洋生态环境保护，推动海洋生态文明建设的基本依据。国民经济和社会发展规划对海洋生态环境保护作出战略部署。全国国土空间规划对构建陆海协调、人海和谐的海洋空间格局作出总体安排，为管辖海域的海洋生态环境保护作出空间战略指引。近年来，中国出台《"十四五"海洋生态环境保护规划》，探索建立"国家、省、市、海湾"分级治理新体系，推动形成以海湾为基础单元和行动载体的综合治理新格局，引领新时代海洋生态环境保护工作；出台《"十四五"生态环境领域科技创新专项规划》《"十四五"生态保护监管规划》《"十四五"生态环境监测规划》《全国海洋倾倒区规划（2021—2025 年）》，指导海洋生态环境保护科技创新、海洋生态保护修复监管、海洋生态环境监测评价、海洋倾倒管理等，为全面加强海洋生态环境保护提供坚实支撑。

坚持生态优先原则的海洋开发保护空间布局。海洋空间是保护恢复海洋生态系统、统筹安排海洋开发利用活动、落实海洋治理各项任务的基本载体，海洋空间规划是统筹安排各类海洋空间开发保护活动的重要工具。先后出台《全国海洋功能区划》《全国海洋主体功能区规划》《全国海岛保护规划》等各类型空间规划，在不同阶段对海域、海岛分类型保护与合理利用方面发挥积极作用。2018 年作出"多规合一"的总体部署后，出台《关于建立国土空间规划体系并监督实施的若干意见》，印发《全国国土空间规划纲要（2021—2035 年）》，编制《海岸带及近岸海域空间规划

（2021—2035 年）》，陆续实施沿海地区各级国土空间规划，形成陆海统筹的海洋空间规划体系，加强陆海空间协同，不断深化基于生态系统的海岸带综合治理，对海岸线、海域、海岛保护修复与开发利用作出全局安排。

有序推进保护修复。在国土空间规划空间性指导下，为统筹谋划和设计近海近岸区域重要生态系统保护和修复，中国首次制定实施《海岸带生态保护和修复重大工程建设规划（2021—2035 年）》，以提升海岸带生态系统质量和稳定性、增强海岸带生态系统服务为核心，形成"一带两廊、六区多点"的海岸带生态保护和修复重大工程总体格局；以提升海洋生态系统多样性、稳定性、持续性为目标，出台《"十四五"海洋生态保护修复行动计划》《红树林保护修复专项行动计划（2020—2025 年）》《互花米草防治专项行动计划（2022—2025 年）》等，科学合理布局，因地制宜，分区分类施策，统筹推进"十四五"期间海洋生态保护修复、红树林保护修复、互花米草防控等各项工作，形成海洋生态保护修复规划体系，统筹推进一体化保护和修复。

（二）依法保护

依靠法治是海洋生态环境保护的根本遵循。中国健全海洋生态环境保护法律法规体系,加强司法,开展普法,形成全社会尊法、学法、守法、用法的良好氛围,推动海洋生态环境保护在法治轨道运行。

建立健全海洋生态环境保护法规体系。中国高度重视海洋生态环境保护立法工作,先后出台一系列相关法律法规。1982 年,海洋环境保护法出台,历经两次修订三次修正,不断适应新的形势要求与时俱进,是国家海洋环境保护领域的综合性法律。围绕海洋环境保护法,先后制定海洋倾废管理条例等 7 部行政法规、10 余项部门规章和 100 多件规范性文件,发布 200 余项技术标准规范,基本确立海洋生态环境保护法律法规体系。除专门的海洋环境保护法外,其他重要法律也作出了相关规定,如海域使用管理法、海岛保护法对海域海岛可持续利用、保护和改善生态环境作了规定,湿地保护法、渔业法对滨海湿地保护、渔业资源保护作了规定,长江保护法、黄河保护法对入海口规划、监测、修复等作了规定。沿海省(区、市)发布实施了海洋生态环境保护地方性法规或政府规章,广西、海南等地专门立法保护沿海沙滩和珍稀动植物资源。

做好海洋生态环境司法保护。法院积极探索开展海洋环境司法保护实践,1984 年以来审理了共计 5000 余件各类海洋环境民事纠纷案件。海事法院 2015 年以来审结 1000 余件涉及海洋环境的行政诉讼案件,探索管辖污染海洋环境、海上非法采砂及非法采捕珍贵、濒危水生野生动物等刑事案件。在总结探索实践经验的基础上,中国逐步形成刑事、民事和行政诉讼"三合一"的海洋环境保护司法体系,以及具有中国特色的海洋环境公益诉讼制度,筑牢海洋生态环境保护司法防线。

开展海洋生态环境保护普法。通过召开新闻发布会、举办讲座培训、媒体宣传、知识竞赛、发放宣传材料等多种形式,宣传普及海域、海岛、海洋环保、海上渔船管理等涉海法律法规,部分地区通过 VR(虚拟现实)体验、互动游戏、微电影等形式创新普及海洋生态环境保护法律法规,成效显著。加大对沿海地区、涉海企业和社会公众的宣传,促使地方政府科学合理地保护和使用海域,督促涉海企业履行责任,引导公众提高海洋法律规范意识,让更多涉海单位和群众了解海洋、保护海洋、关爱海洋。

(三) 制度保障

建立一系列海洋生态环境保护制度,基本实现陆地和海洋管理体制机制的统筹衔接,逐步完善海洋生态环境保护管理体制,不断提升海洋生态环境治理效能。

建立保护制度的"四梁八柱"。中国高度重视运用制度保护海洋生态环境,规范海洋资源开发利用活动,结合实践、依法建立海洋生态环境保护制度的"四梁八柱"。在污染防治方面,建立入海排污口备案、环评审批、海洋倾倒许可、突发事件应对等制度;在生态保护修复方面,建立海洋生态保护红线、自然保护地、自然岸线控制等制度;在监督管理方面,建立国土空间用途管制、生态环境分区管控、中央生态环境保护督察、国家自然资源督察、目标责任制和考核评价、监测调查等制度;在绿色发展方面,建立海洋生态保护补偿、捕捞限额和捕捞许可、海域有偿使用等制度。

形成"部门协同、上下联动"的管理体制。经过多年的建设与发展,中国海洋生态环境保护管理体制经历了从无到有、从薄弱到壮大的发展历程。2018年,国务院机构改革将海洋环境保护职责整合到生态环境部门,海洋保护修复和开发利用职责整合到自然资源部门,交通运输、海事、渔业、林草、海警、军队等部门依照各自职能共同参与海洋生态环境保护工作,打通了陆地和海洋,增强了陆海污染防治协同性和生态环境保护整体性。在海河流域北海海域、珠江流域南海海域、太湖流域东海海域设置生态环境监管机构,承担海洋生态环境监督相关工作。沿海各省(区、市)承担近岸海域生态环境治理的具体责任,落实推进海洋生态环境保护与治理的重点任务、重大工程和重要举措等。多年来,中国形成了多部门协同、中央地方联动的海洋生态环境保护工作机制,初步建立了沿海、流域、海域协同一体的综合治理体系。

三、系统治理海洋生态环境

坚持重点攻坚与系统治理并举,陆海统筹、河海联动,开展海洋生态环境治理,不断改善海洋生态环境质量。

（一）综合治理重点海域

渤海、长江口—杭州湾、珠江口等重点海域位于中国沿海高质量发展的战略交汇区,经济发达、人口密集,海洋开发利用强度高,区域海洋生态环境特征明显、问题相对集中和突出,是海洋生态环境治理的重点攻坚区域,实施综合治理至关重要。

打好打赢渤海综合治理攻坚战。渤海是中国的半封闭型内海,海水交换能力差,自净能力不足。2018年起,中国开启海洋领域污染防治攻坚的首战,将渤海综合治理攻坚战作为"十三五"污染防治攻坚战的标志性战役之一,按照"一年谋篇布局、两年整体起势、三年初见成效"的整体部署,以环渤海"1+12"城市为重点,紧盯近岸海域水质优良比例、入海河流"消劣"、入海排污口排查整治、滨海湿地及岸线整治修复 5 项核心目标,协同推进"污染控制、生态保护、风险防范"重点任务。经过三年攻坚,渤海综合治理核心目标任务全部高质量完成,初步遏制了渤海生态环境恶化趋势,推动渤海生态环境质量持续向好。2020 年,渤海近岸海域水质优良(一、二类)面积比例达到 82.3%,较攻坚战实施前的 2017 年大幅提升 15.3 个百分点,环渤海 49 条入海河流国控断面①全面消除劣 V 类水质,共完成整治修复滨海湿地 8891 公顷、岸线 132 千米。

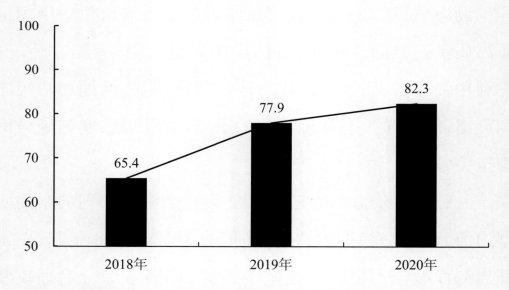

图 1　渤海综合治理攻坚战期间渤海近岸海域优良水质比例(%)

① 注:断面是指为测量和采集水质样品,设置在江河或渠道上垂直于水流方向上的整个剖面。国控断面是指中国布设的国家地表水环境质量评价、考核、排名监测断面(点位)。

全面开展重点海域综合治理攻坚战。2021年起,在巩固深化渤海综合治理攻坚战成果基础上,中国将攻坚战范围扩大到长江口—杭州湾、珠江口邻近海域,作为"十四五"深入打好污染防治攻坚战的标志性战役之一,对三大重点海域8个沿海省(市)和24个沿海地市进行系统部署,坚持精准治污、科学治污、依法治污,深入实施陆海统筹的综合治理、系统治理、源头治理,各项重点任务进展顺利,取得阶段性显著成效。重点海域水质整体向好,渤海、长江口—杭州湾、珠江口综合治理攻坚战海域2023年水质优良(一、二类)面积比例为67.5%,较2020年提升了8.8个百分点。

(二) 协同治理陆源污染

海洋环境问题表现在海里,根子在陆上。中国采取有力措施,推进陆源污染协同治理,管住污染物向海洋传输的关键通道,降低陆源污染对海洋环境的整体压力。

抓好入海河流污染防治。入海河流是陆源污染物输入海洋的最重要途径。中国积极提升城镇污水处理质效,建设改造雨污分流管网,加强污水处理行业监管,降低城镇生产生活污水对入海河流水质影响。2012年以来,沿海地区污水处理基础设施建设显著提速,地级以上城市污水处理厂基本完成一级A提标改造。开展农村环境整治，"十四五"以来，沿海省份新增完成1.7万个行政村环境综合整治，编制完成170个畜牧大县畜禽养殖污染防治规划，农村生活污水治理率超过45%，大幅降低农业农村污水排放。着力破解流域氮排放过量的近岸海域水质污染和富营养化问题，建立沿海、流域、海域协同一体的综合治理体系，探索将总氮控制范围向入海河流上游拓展，推动入海河流实施"一河一策"总氮治理。2012—2017年中国入海河流国控断面水质整体保持稳定并有所好转，2018年以后水质整体大幅好转。目前，入海河流国控断面水质优良（Ⅰ～Ⅲ类）断面数量约占整体的五分之四左右，丧失使用功能（劣Ⅴ类）断面基本消除。

守住沿岸污染入海的重要闸口。入海排污口是沿岸陆源污染向海洋排放的重要节点。出台《关于加强入河入海排污口监督管理工作的实施意见》，统筹推进入海排污口排查、监测、溯源、整治，建立健全近岸水体、入海排污口、排污管线、污染源全链条治理体系。按照"有口皆查、应查尽查"要求，摸清各类入海排污口的数量、分布及排放特征、责任主体等信息，推进入海排污口溯源整治与责任落实。截至2023年底，中国已排查入海排污口5.3万余个，完成

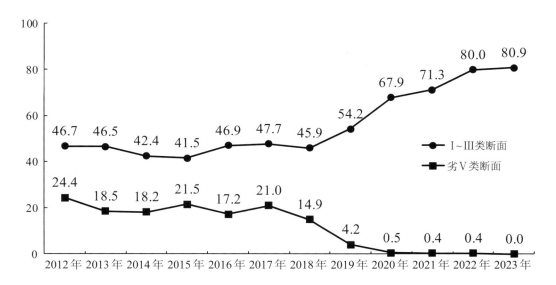

图2 入海河流国控断面不同水质类别断面占比（%）

入海排污口整治 1.6 万余个,对改善近岸海域环境质量发挥了重要作用。建设统一的入海排污口信息平台,进一步规范入海排污口的设置与管理,严格禁止在自然保护地、重要渔业水域、海水浴场、生态保护红线等区域新设工业排污口和城镇污水处理厂排污口。

清理整治海洋垃圾。出台《关于进一步加强塑料污染治理的意见》《"十四五"塑料污染治理行动方案》,从源头管住垃圾入海。进一步建立实施海洋垃圾监测、拦截、收集、打捞、运输、处理体系,各沿海城市通过"海上环卫"等制度常态化开展重点海域入海河流和近岸海域垃圾入海防控与清理整治,浙江省"蓝色循环"海洋塑料废弃物治理新模式获得联合国"地球卫士奖"。推进江河湖海垃圾联防联治，2022 年在胶州湾等 11 个重点海湾开展专项清漂行动，出动 18.81 万人次，清理各类岸滩和海漂垃圾约 5.53 万吨。巩固提升专项清漂工作成效，2024 年将重点海湾清漂专项行动升级为沿海城市海洋垃圾清理行动。持续组织开展海洋垃圾和微塑料监测调查，与近年来国际同类调查结果相比，中国近岸海域海洋垃圾和近海微塑料的平均密度处于中低水平。

专栏 1：浙江"蓝色循环"新模式获联合国"地球卫士奖"

2023 年 10 月 30 日，联合国环境规划署在肯尼亚首都内罗毕发布 2023 年联合国"地球卫士奖"。浙江省"蓝色循环"海洋塑料废弃物治理新模式，从全球 2500 个申报项目中脱颖而出，获得了这一联合国最高环保荣誉，为全球海洋塑料废弃物的治理提供了中国方案。

"蓝色循环"是 2020 年开始在浙江探索实施的可持续海洋塑料污染治理新模式，破解了海洋塑料废弃物收集难度大、处置成本高、回收利用率低等难题。可视化追溯是"蓝色循环"模式的主要创新点，利用数字化技术，建立了"从海洋到货架"的全程可视化追溯，解决了海洋塑料废弃物认证难的问题。"蓝色循环"模式得到跨国企业认可购买，实现市场化循环利用，让海洋塑料废弃物变废为宝。

"蓝色循环"模式目前已经在台州、舟山、宁波等浙江沿海城市建立"海洋云仓""小蓝之家"等一线海洋废弃物收集点位 80 个，覆盖 1 万多艘海洋渔船、商船和部分海岸线，运行以来已回收海洋废弃物 1 万多吨，其中塑料废弃物超 2200 吨。

（三） 精准防治海上污染

坚持开发和保护并重,不断加强对海洋工程、海洋倾废、海水养殖、海上交通运输等行业产业的常态化监管,积极应对突发环境污染事件,全面提升海上污染防治水平,努力降低各类海上开发利用活动对海洋生态环境的影响。

严控海洋工程和海洋倾废生态环境影响。不断优化环境影响评价管理,从源头入手,严格管控围填海、海砂开采等海洋工程建设项目。加强海洋油气勘探开发污染防治,由国家统一行使环境影响评价审批与污染物排放监管事权。启动编制海洋工程排污许可技术规范,推动海洋工程依法纳入排污许可管理。按照科学、合理、经济、安全的原则选划设立倾倒区,科学、精细评价倾倒区运行状况,保障倾倒区生态环境与通航水深安全。严格实施倾倒许可制度,综合运用船舶自动识别系统、海洋倾倒在线监控等手段开展非现场监管,最大程度降低废弃物倾倒对生态环境的影响。

系统开展海水养殖污染防治。印发实施《关于加快推进水产养殖业绿色发展的若干意见》《关于加强海水养殖生态环境监管的意见》,制定排放标准、强化环评管理、推动排污口分类整治和尾水监测等,系统强化海水养殖环境监管。沿海省(区、市)积极出台养殖尾水排放标准,加大污染排放监管力度。海水养殖纳入国家《建设项目环境影响评价分类管理名录》实施环评管理。各地按照"取缔一批、合并一批、规范一批"要求,对非法和设置不合理的养殖尾水排口开展清理整治,推进池塘养殖、工厂化养殖、网箱环保升级改造,净化养殖环境。沿海省市县已发布养殖水域滩涂规划,科学划定海水养殖禁养区、限养区和养殖区。加大船舶港口污染防治力度。严格执行《船舶水污染物排放控制标准》,组织开展防治船舶水污染专项整治活动,将环保标准纳入船舶技术法规。深入推进落实船舶水污染物转移处置联合监管制度,沿海各省(区、市)已基本完成港口船舶污染物接收、转运、处置设施建设。持续开展船舶燃油质量监督检查,加强靠泊船舶岸电设施配备及使用情况监管,排查并消除污染隐患。

建立海洋突发环境事件应急体系。印发实施《国家重大海上溢油应急处置预案》《海洋石油勘探开发溢油污染环境事件应急预案》,明确应急组织体系、响应流程、信息管理发布和保障措施等,建立起较为完备的海上溢油污染应急预案体系。强化海洋环境风险排查,组织环渤海三省一市完成 5400 余家涉危化品、重金属和工业废物以及核电等重点企业突发环境事件风险评估和环境应急预案备案。开发全国海洋生态环境应急指挥系统,构建集通信、监测、决策、指挥、调度于一体智能化平台,提高应对突发事件的信息化能力。开发"油指纹"鉴定系统,累计采集原油样品 3200 余个,基本实现海上石油勘探开发平台油样采集全覆盖,为解决海上溢油事故责任纠纷、开展溢油污染损害评估提供重要依据。

（四） 倾力打造美丽海湾

海湾是推动海洋生态环境持续改善的关键区域。以海湾为基本单元,以打造"水清滩净、鱼鸥翔集、人海和谐"的美丽海湾为建设目标,"一湾一策"协同推进近岸海域污染防治、生态保护修复和岸滩环境整治,系统提升海湾生态环境质量。

全面部署美丽海湾建设。《中华人民共和国国民经济和社会发展第十四个五年规划和 2035 年远景目标纲要》明确要求推进美丽海湾保护与建设,《关于全面推进美丽中国建设的意见》将美丽海湾纳入美丽中国建设全局,明确要求到 2027 年美丽海湾建成率达到 40%左右,到 2035 年美丽海湾基本建成。《"十四五"海洋生态环境保护规划》聚焦美丽海湾建设主线,把近岸海域划分为 283 个海湾建设单元,将重点任务措施和目标逐一落实到各个海湾。《美丽海湾建设提升行动方案》进一步明确,到 2027 年重点推进 110 余个美丽海湾建设。目前,美丽海湾建设工作稳步推进,截至 2023 年底,1682 项重点任务和工程措施完成近半,累计整治修复岸线 475 千米、滨海湿地 1.67 万公顷,167 个海湾优良水质面积比例超过 85%,102 个海湾优良水质面积比例较 2022 年有所提升。

多措并举建设美丽海湾。制定美丽海湾建设的基本标准,以海湾环境质量良好、海洋生态系统健康、人海关系和谐共生为导向,设置五类指标,指导各地开展美丽海湾建设,鼓励因地制宜增设特色指标。建立美丽海湾建设管理平台,利用现场调查和遥感监测等手段,跟踪评估进展,推动实现美丽海湾建设情况智慧监管,督促推动各级政府因地制宜开展海湾综合治理,落实建设任务。建立多元投融资机制,强化政府引导,鼓励经营主体、社会资本参与美丽海湾建设。综合运用财政投入、专项债、生态环境导向开发(EOD)项目等财政金融手段,加快推进美丽海湾建设项目落地。加强美丽海湾建设示范引领,鼓励美丽海湾建设制度机制和关键技术创新,开展优秀案例遴选,推广示范经验模式,引领提升美丽海湾建设总体水平。目前,已遴选两批20个国家级美丽海湾优秀案例。

专栏2:美丽海湾建设典型经验做法

中国以海湾为基本单元,打造"水清滩净、鱼鸥翔集、人海和谐"的美丽海湾。

水清滩净:福州滨海新城岸段、厦门东南部海域创新建立海洋垃圾漂浮轨迹预测+重点区域视频智能识别的海漂垃圾治理模式,实现对垃圾精准、高效打捞。**大连金石滩湾**创新建立"海陆环卫"工作机制,实现海上环卫、海岸环卫、陆域环卫的协同联动、无缝衔接,形成海漂和岸滩垃圾"打捞—转运—集中处置"的闭环治理。

鱼鸥翔集:盐城东台条子泥岸段、大丰川东港坚持生态优先、保护为主,划定互花米草防控区和隔离带,遏制互花米草无序扩张,严格保护好生态原真性和生物多样性,为迁徙鸟类提供适宜的生境,是勺嘴鹬、小青脚鹬等全球珍稀濒危鸟类的天堂。

人海和谐:深圳大鹏湾打造"山、海、城"于一体的生态和谐的公众游憩空间。**温州洞头诸湾**将渔村、岛礁、湾滩、渔港串珠成链,为民众呈现美丽海上花园。**海南三亚湾**免费开放滨海旅游景区,还景于民、还绿于民。

通过深入推进重点海域综合治理、陆海污染协同防治,持续建设美丽海湾,中国近岸海域水质总体改善,2023年优良水质面积比例较2012年高出21.3个百分点。

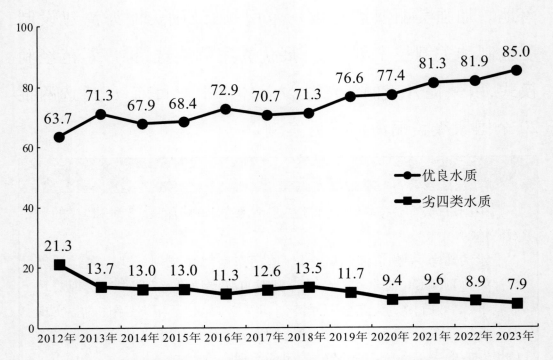

图 3　中国近岸海域优良水质和劣四类水质面积比例（%）

四、科学开展海洋生态保护与修复

中国坚持尊重自然、顺应自然、保护自然,统筹推进海洋生态一体保护、系统修复,科学决策、精准施策,守牢生态安全边界,不断提升海洋生态系统多样性、稳定性、持续性。

(一) 筑牢海洋生态屏障

中国在国际上率先提出并实施生态保护红线制度,通过多种手段有效筑牢海洋生态保护屏障,为海洋留足留够休养生息的时间和空间。

创建海洋生态分类分区体系。海洋生态分类分区是现代海洋管理的基础模式。自 2019 年起,开展海洋生态分类分区体系创建工作,构建"双梁四柱"的海洋生态分类框架,基于生物地理、水生两个场景和水体、地形地貌、底质、生物四个组分开展海洋生态分类;采用自上而下、逐级嵌套的方式开展不同尺度海洋生态分区,将中国近海划分为 3 个生态一级分区、22 个生态二级分区、53 个生态三级分区;

2023年,聚焦人类活动最为频繁的近岸海域,将20个近岸海域生态三级分区划分为132个生态四级分区。通过构建统一的生态分类标准,划分不同尺度生态分区,科学反映中国海洋自然地理格局,为全面认识海洋生态本底、精细化开展海洋生态评价和保护修复提供基础支撑。

开展海洋资源环境承载能力及国土空间适宜性评价。2015年,《生态文明体制改革总体方案》首次对资源环境承载能力评价作出要求,开始对自然资源和生态环境本底能够承载的规模进行评价,2019年出台的《关于建立国土空间规划体系并监督实施的若干意见》,提出在资源环境承载能力和国土空间开发适宜性评价的基础上,科学有序统筹布局各类功能空间,中国开始构建资源环境承载能力和国土空间开发适宜性评价技术方法体系,组织完成全国、区域、省、市等各级海洋资源环境承载能力及国土空间开发适宜性评价,以此作为划定海洋生态保护红线、海洋生态空间、海洋开发利用空间的科学基础。

划定并严守海洋生态保护红线。生态保护红线是中国生态文明建设的重要制度创新和重大决策部署。中国对海洋生态保护重点区域作出系统安排,优先将生物多样性维护、海岸防护等生态功能极重要区、海岸侵蚀等生态极脆弱区划入海洋生态保护红线严格保护，呈"一带多点"分布。同时出台系列文件，规范生态保护红线内允许的有限人为活动，明确管控要求。持续开展生态保护红线监测及保护成效评估、勘界定标，合理优化红线空间布局，健全生态保护红线长效管控机制，实现一条红线管控重要生态空间，牢牢守住国家生态安全底线。

专栏3：中国的海洋生态保护红线

目前，中国划定海洋生态保护红线约 15 万平方公里，涵盖红树林、海草床、珊瑚礁、滨海盐沼、重要河口、重要海岛等多种类型，空间分布上呈"一带多点"。"一带"由北向南覆盖辽河口、黄河口、江苏盐城、长江口、崇明东滩、杭州湾、珠江口、北仑河口等重要滨海湿地，以及 99% 的红树林、91% 的珊瑚礁、89% 的海草床等典型海洋生态系统，形成蓝色生态屏障；"多点"覆盖大多数未开发利用无居民海岛以及海洋珍稀濒危物种分布区、候鸟迁徙路径栖息地、重要渔业资源产卵场，实现对生物栖息、洄游、迁徙等关键节点的保护。

完善海洋保护地体系。中国将重要的海洋生态系统、珍稀濒危海洋生物的天然集中分布区、海洋自然遗迹和自然景观集中分布区等区域纳入海洋保护地实施重点保护。经多年发展，中国已建立涉海自然保护地 352 个，保护海域约 9.33 万平方千米，筹建涉海国家公园候选区 5 个，保护

对象涵盖斑海豹、中华白海豚等珍稀濒危海洋生物和红树林、珊瑚礁等典型生态系统，以及古贝壳堤、海底古森林遗迹等地形地貌，初步形成了类型齐全、布局合理、功能健全的海洋保护地体系。通过海洋保护地建设，珍稀海洋生物种群正在逐步恢复，国家一级保护动物斑海豹每年到辽东湾越冬的数量稳定在 2000 头以上。

养护海洋生物多样性。通过保护生态廊道、提高物种保护级别、开展科研监测、重点海域休渔、增殖放流等手段和措施，对海洋生物进行积极有效的保护。目前，中国已记录到海洋生物 28000 多种，约占全球海洋已记录生物物种数的 11%。国家海洋渔业生物种质资源库收集保藏各类生物资源约 14 万份，生物遗传资源收集保存持续加快。在近海海域开展增殖放流，每年放流各类水生生物苗种约 300 亿尾。针对重点保护物种中华白海豚、海龟、珊瑚、斑海豹发布专门的国家保护行动计划或纲要，成立国家级物种保护联盟，开展卓有成效的工作，种群数量稳定向好。辽宁大连斑海豹国家级自然保护区和广东惠东港口海龟国家级自然保护区等 20 处滨海湿地被列入国际重要湿地名录。

专栏 4：港珠澳大桥实现白海豚"零伤亡不搬家"

2018 年 10 月 24 日,连接中国香港、珠海、澳门的港珠澳大桥正式通车。港珠澳大桥总长约 55 公里,穿越广东珠江口中华白海豚保护地,这片海域生活着我国最大规模的国家一级保护动物中华白海豚。为实现"零伤亡""大桥通车,白海豚不搬家"的目标,大桥在建设过程中吸收国内外先进技术,创新施工工艺和工法,通过调整方案设计、提高作业效率、缩短海上施工时间,尽可能减少对海洋生物的影响。大桥建成以后把港澳地区之间的海上交通部分转换成桥上交通,有力地保护了白海豚的生存栖息环境,成为人类与海洋和谐共生的见证。2017 年至 2021 年的连续监测调查显示,珠江口中华白海豚数量约 2600 头,种群数量稳定向好。

（二）实施海洋生态修复

坚持自然恢复为主、人工修复为辅,有序开展海洋生态修复重大工程,初步形成从山顶到海洋的有规划引领、有制度保障、有资金支持、有基础支撑的海洋生态修复格局,厚植美丽中国的海洋生态根基。

坚持问题导向综合施策。将海洋生态系统作为整体考量,准确诊断海洋生态问题,合理确定保护修复目标和任务,有针对性地采取保护保育、自然恢复、辅助再生、生态重建等模式,优选修复措施技术,因地因时制宜,分区分类施策。如保护修复布局上,渤海以暖温带河口湿地为重点,黄海以暖温带滨海湿地为重点,东海以亚热带河口、海湾和海岛为重点,南海以亚热带、热带典型滨海湿地为重点。

科技支撑标准先行。强化对海洋生态系统演替规律和内在机理的研究,开展技术攻关,建设标准规范,提高生态修复的整体性、科学性和可操作性。遴选首批海洋生态修复创新适用技术名录 10 项。发布《海洋生态修复技术指南》、海岸带生态减灾修复系列技术导则 11 项,制定红树林、滨海盐沼、牡蛎礁等各类典型海洋生态系统修复技术手册,形成系统性的修复技术标准体系。

强化修复资金支持。2016 年以来,中央财政设立专项资金支持沿海省(区、市)开展海洋生态保护修复项目,主要在对生态安全具有重要保障作用、生态受益范围较广的海域、海岛、海岸带等重点区域开展。出台《关于鼓励和支持社会资本参与生态保护修复的意见》,鼓励和支持社会资本参与海洋生态保护修复项目投资、设计、修复、管护等全过程,推动建立社会资本参与海洋生态保护修复的市场化投融资机制。出台给予红树林造林合格新增建设用地指标奖励激励政策。

实施重大海洋生态保护修复工程。2016 年至 2023 年,中央财政支持沿海城市实施“蓝色海湾”整治行动、渤海综合治攻坚战生态修复、海岸带保护修复工程、红树林保护修复等海洋生态保护修复重大项目175个,覆盖沿海11个省(区、市),累计投入中央财政资金252.58亿元,带动全国累计整治修复海岸线近1680公里、滨海湿地超过75万亩。印发《红树林保护修复专项行动计划(2020—2025年)》,截至2023年底,全国已营造红树林约7000公顷,修复现有红树林约5600公顷。2022年度国土变更调查结果显示全国红树林地面积已增长至2.92万公顷,比本世纪初增加了约7200公顷,中国是世界上少数几个红树林面积净增长的国家之一。通过上述努力,不断增强海洋生态系统服务功能,提升海洋碳汇能力,筑牢海岸带生态安全屏障,中国正在以高水平海洋生态保护修复助力高质量发展。

专栏5:海洋生态修复的"厦门实践"

"蓝绿共画屏"的厦门,是习近平生态文明思想的重要孕育地和先行实践地,"厦门实践"是中国海洋生态修复三十余年发展历程的缩影。自1988年起,厦门市以筼筜湖综合治理为引领,渐次开启了西海域、五缘湾、环东海域、杏林湾、马銮湾等湾区综合工程,形成优美的滨海生活岸线和海洋生态景观,构造宽广而美丽的城市公共空间;先后实施观音山沙滩修复、鼓浪屿沙滩修复等工程,形成总面积达100多万平方米的沙滩,成为当地海岸防护的自然屏障,发挥防灾减灾、旅游休闲、生态服务的重要功能;通过全市域"查"、全覆盖"测"、全方位"溯"、全链条"治",基本完成全市400个入海排污口的整治,从根本上改善了厦门海域水质。

厦门市先后获得"联合国人居奖""国际花园城市""东亚海岸带综合管理杰出成就奖""首批国家级海洋生态文明建设示范区"等荣誉。"厦门实践"全要素、全地域、全方位统筹推进生态保护修复，是美丽中国建设、人海和谐的典范，为破解海湾型城市生态治理这一世界性难题提供了中国经验、中国方案、中国智慧。

（三）严守海洋灾害防线

海洋灾害对海洋生态系统构成严重威胁。通过增强海岸带生态系统韧性、加强海洋生态灾害风险识别和应急处置，不断提升海洋灾害防治能力，切实守住海洋生态安全底线。

加强海岸带生态系统抵御台风、风暴潮等海洋灾害能力。中国是世界上海洋灾害最严重的国家之一。为防范重特大海洋灾害，建成布局合理、功能完备、体系完整的全球海洋立体观测网，基本实现对中国管辖海域及重点关注海域的长期业务化观测，并持续提升海洋灾害预警报自主化、全球化、智能化、精细化水平，为海洋灾害预防和应对提供技术支撑。红树林、滨海盐沼等生态系统是抵御海洋灾害的天然防线，通过建设生态海堤，构建生态与减灾协同增效的综合防护体系，充分发挥生态系统的防灾减灾功能，全面加强海岸带生态系统抵御台风、风暴潮等海洋灾害的能力。

增强海洋生态灾害防治能力。海洋生态灾害对沿海地区经济社会发展造成严重影响。中国海洋生态灾害以赤潮、浒苔绿潮等局地性生物暴发为主。制定赤潮灾害应急预案，加强赤潮灾害预警监测，及时发现、全程跟踪、准确预警赤潮灾害，掌握赤潮发展演变趋势，为赤潮灾害防控和应急处置提供支撑。开展黄海浒苔绿潮灾害监测预警和防控，减少浒苔绿潮灾害影响。针对水母、毛虾等局地性生物暴发，实施重点区域、重点时段监视监测，及时发布信息。

（四）开展和美海岛创建示范

海岛是保护海洋环境、维护生态平衡的重要平台。和美海岛创建示范工作，以单个海岛或岛群作为创建主体，以打造岛绿、滩净、水清、物丰的人岛和谐"和美"新格局为目标，有力推动海岛地区高水平保护和高质量发展。

创建示范亮点纷呈。2022年，和美海岛创建示范工作正式启动，围绕"生态美、生活美、生产美"的和美海岛内涵，设置包括生态保护修复、资源节约集约利用、人居环境改善、绿色低碳发展、特色经济发展、文化建设和制度建设7个方面36项指标，指导海岛地区开展创建示范。2023

年,首批 33 个海岛入选和美海岛。

生态引领创建示范。坚持生态优先,修复、恢复海岛生态环境,实施岸线、岛体、水生植物等生态保护修复工程,鼓励开展红树林、海草床等蓝碳生态系统固碳增汇,如,山东长岛打造国际零碳岛,积极探索海洋碳汇资源变资产的途径,发放"海洋碳汇贷""海草床、海藻场碳汇贷"等。持续推进海岛人居环境改善,加强基础设施建设,改善对外交通条件,完善给排水、供电、通信等各项设施建设,如,广东东澳岛实施规模化种植花卉、乔灌,建成贯通全岛、景观秀美的绿化道路,打造离岸海岛的山海栈道。推进文旅融合新发展,利用岛、海、史、庙特色资源,深化"旅游+"模式,着力推动"旅游+渔业""旅游+乡村""旅游+文化",创新文体旅产业模式,挖掘海洋故事,传承传统文化,如,福建湄洲岛设立 33 个非物质文化遗产项目,多形式传播妈祖文化,实现对"非遗"的宣传、保护和传承。

(五) 建设生态海岸带

海岸带是陆地和海洋高度关联、交互融合、休戚与共的特殊区域,自然资源丰富、环境条件独特、人类活动频繁。中国的海岸带作为沿海地区与海洋的交汇区,是筑牢国家生态安全屏障、支撑沿海经济社会发展、承载陆海内外联动、促进高水平开发开放、推动高质量发展的关键地带。2021年,中国提出建设生态海岸带,坚持陆海统筹,以海洋生态状况综合评价为抓手,构建生态海岸带评价技术方法体系,设置生态系统稳定状况、环境质量状况、资源可持续利用状况、人类安全健康状况4个方面9项评价指标,科学识别海岸带生态问题,通过生态保护修复、构建海岸带绿道网络、生态海堤提升等措施,打造健康、清洁、安全、多样、丰饶的海岸带。

五、加强海洋生态环境监督管理

统筹各领域资源,汇聚各方面力量,坚守生态保护红线、环境质量底线和资源利用上线,打好分区管控、监测调查、监管执法、考核督察的"组合拳",提高海洋生态环境监督管理信息化、数字化、智能化水平,保障海洋生态环境治理及海洋生态保护修复工作顺利推进。

(一) 实施空间用途管制和环境分区管控

全面落实主体功能区战略,依据国土空间规划实施用途管制,加强近岸海域生态环境分区管控,为发展"明底线""划边框"。

实施海洋空间用途管制。20 世纪 90 年代,中国就依据海域的区位及资源环境条件,发布实施全国海洋功能区划,明确功能区主导功能和海洋环境保护要求。2015 年印发《全国海洋主体功能区规划》,将海洋空间划分为优化开发、重点开发、限制开发、禁止开发四类区域,对各个海洋区域的开发与保护导向作出基础性约束。2019 年起,将海洋功能区划、海洋主体功能区规划等融入国土空间规划,实现"多规合一"。2022 年 10 月印发实施《全国国土空间规划纲要（2021—2035 年）》,沿海省份在国土空间规划实施管理中,落实《纲要》要求,对海洋国土空间进行细化安排,科学划分生态保护区、生态控制区和海洋发展区,明确各功能区的功能用途、用海方式、生态保护修复要求,逐步建立"海域、海岛、海岸线全覆盖""用海行业与用海方式相结合"的海洋空间用途管制制度。

实施近岸海域生态环境分区管控。衔接国民经济和社会发展规划、国土空间规划,以保障近岸海域生态功能和改善环境质量为目标,以落实生态保护红线、环境质量底线、资源利用上线硬约束为重点,以近岸海域环境管控单元为基础,以生态环境准入清单为手段,推动实现近岸海域生态环境分区域差异化精准管控。2017 年以来,沿海地区逐步开展近岸海域生态环境分区管控探索和实践,划定近岸海域环境管控单元 3036 个,促进产业发展与环境承载能力相结合。厦门市在全国首创生态环境分区管控应用系统,有效解决企业选址难、审批时限长、项目落地慢等难点痛点,划分 42 个近岸海域环境管控单元,提升陆海统筹治理水平,促进沿海产业转型升级。2024年出台《关于加强生态环境分区管控的意见》,要求加强近岸海域生态环境分区管控,提出形成一套全域覆盖、精准科学的海洋生态环境分区管控体系,系统部署生态环境分区管控工作,为科学指导近岸海域各类开发保护建设活动提供重要遵循。

(二) 开展监测调查

海洋生态环境监测调查是海洋生态环境保护的基础。中国逐步健全天空地海一体化的生态环境监测网络,强化海洋生态质量监测评估和预警监测,摸清底数,为海洋生态环境监督管理提供决策依据。

全面开展海洋生态环境监测。不断优化完善海洋生态环境监测网络布局,以近岸海域为重点,覆盖管辖海域,构建陆海统筹、河海联动的现代化海洋生态环境监测体系。整合国家和地方资源,建设国家海洋生态环境监测基地,建设国家生态质量综合监测站。以1359个海水质量国控监测点位为基础构架,涵盖海洋环境质量监测、海洋生态监测、专项监测、海洋监督监测4大类15项监测任务,不断增强海洋垃圾、海洋微塑料、海洋放射性、海洋新污染物、海洋碳源汇等新兴热点领域监测能力,强化红树林等典型生态系统健康状况监测,逐步建立统一的海洋生态环境监测数据传输与共享平台,定期公开海水水质监测数据,发布《中国海洋生态环境状况公报》。

统筹推进海洋生态预警监测。以"对海洋生态系统的分布格局清楚、对典型生态系统的现状与演变趋势清楚、对重大生态问题和风险清楚"为目标,构建以近岸海域为重点、覆盖我国管辖海域、辐射极地和深海重点关注区的业务化生态预警监测体系。在近岸海域,重点聚焦重要河口、海湾、珊瑚礁、红树林、海草床、盐沼等典型生态系统分布区以及生态灾害高风险区开展调查监测;在管辖海域,分析评估海平面变化、海水酸化、低氧等生态问题,对主要海洋生态系统类型实现全覆盖式大面监测,拓展极地、深海生态监测。"十四五"期间,近海生态趋势性监测站位超过 1600 个,完成全国珊瑚礁、滨海盐沼、海草床生态现状调查及入海河口、海藻场生态系统普查。编制发布《中国海洋生态预警监测公报》。探索建立典型海洋生态系统预警方法,珊瑚礁白化预警基本实现业务化运行。

开展海洋污染基线调查。为系统掌握海洋生态环境基本情况,中国先后于 1976 年、1996 年、2023 年开展三次海洋污染基线调查,摸清各个时期海洋生态环境状况底数。

第三次海洋污染基线调查涵盖海洋环境污染物调查、入海污染源调查、海岸带环境压力及生态影响调查、海湾精细化调查4方面内容,获取海洋生态环境基础数据,为科学评估中国海洋生态环境状况、制定实施中国海洋生态环境保护战略政策提供决策支撑。

（三）严格监管执法

坚持监管执法协调、部门协同、央地联动,构建立体化、全覆盖海洋监管执法网络,严厉查处违法违规用海用岛、破坏海洋生态环境活动。

海上综合监管持续优化。持续提升海域海岛海岸带综合监管能力,加快构建事前事中事后全链条全领域的监管体系,发挥综合监管在维护用海用岛秩序、严守资源安全底线、督促生态用海用岛、支撑高质量发展等方面的作用。目前,中国建设运行海域海岛监管系统、海洋生态修复监管系统、国土空间规划"一张图"信息系统等各类系统,采用卫星遥感—海上—岸基互相补充模式,掌握海域使用、海域海岛空间资源变化及生态环境状况。综合运用遥感监测、海上及岸线巡查等手段,对海域、海岛、海岸线实施高频率监管,对围填海、生态修复项目、钻井平台、海底光缆、跨海桥梁等用海活动,以及海砂资源富集区、海洋油气勘探开发区、海洋倾倒区、养殖渔业区等重要区域进行重点关注,将海洋生态环境领域违法行为遏制在萌芽状态,持续提升海上监管执法工作效能。

海洋环保综合执法持续强化。近年来,在中国管辖海域范围内开展全面执法。对海洋工程项目、涉海自然保护地、渔业、海上交通运输等开展定期执法检查。实施"海盾"专项执法强化海岸线保护与围填海管控,开展"绿盾"自然保护地强化监督,开展"碧海"专项执法严厉打击破坏海洋生态环境违法违规行为,开展"蓝剑""中国渔政亮剑"等专项执法强化渔业资源保护,对海洋生态环境相关违法违规行为形成强有力震慑。2020—2022年,检查海洋工程、石油平台、海岛、倾倒区等 1.9 万余个次,查处非法围填海、非法倾废、破坏海岛等案件 360 余起,严厉打击海洋生态环境保护重点领域违法犯罪活动。

（四）加强考核督察

实行海洋环境保护目标责任制和考核评价制度,开展中央生态环境保护督察和国家自然资源督察,是解决海洋生态环境突出问题、压实地方责任、激励干部担当作为的重要举措。

实行海洋环境保护目标责任制和考核评价制度。2014年修订环境保护法,实行环境保护目标责任制和考核评价制度。2015年,水污染防治行动计划将近岸海域优良水质比例等核心任务指标纳入沿海地方政府目标责任考核体系。2020年,将近岸海域水质状况纳入污染防治攻坚战成效考核体系,逐年提升近岸海域水质要求。2023年,在修订的海洋环境保护法中明确,沿海县级以上地方人民政府对其管理海域的海洋环境质量负责。考核结果作为各级领导班子和领导干部奖惩和提拔使用的重要依据,对于压实沿海地方政府责任、激励干部担当作为具有重要导向作用。浙江构建海洋生态综合评价体系,并将评价结果纳入"五水共治"和"美丽浙江"建设考核体系,有效激发领导干部干事创业热情。

实施生态环境保护督察巡查。2015年以来,开展三轮中央生态环境保护督察,覆盖31个省、自治区、直辖市和国务院有关部门、有关中央企业。将海洋作为重要督察领域,先后发现和披露一批近海违规养殖、红树林破坏、侵占海岸带违规违法围填海、近岸海域水质污染等海洋生态环境领域的突出问题,均反馈省级党委政府,以鲜明的态度、坚决的措施推动地方建立常态化落实机制，取得中央肯定、百姓点赞、各方支持、解决问题的显著成效。开展省级生态环境保护督察，紧盯海洋生态环境领域突出问题，持续开展例行督察，不断深化专项督察。建立常态巡查、定期巡查和动态巡查制度，全面强化重点项目、热点区域、关键环节监督检查，集中整治海洋污染损害、生态破坏等突出问题。

聚焦海洋生态保护实施国家自然资源督察。《中华人民共和国国民经济和社会发展第十三个五年规划纲要》明确提出"实施海洋督察制度，开展常态化海洋督察"。2017年首次对11个沿海省级政府开展海洋督察，重点督察地方人民政府落实党中央、国务院海洋资源环境重大决策部署、有关法律法规和国家海洋资源环境计划、规划、重要政策措施的情况，将发现的问题移交省级人民政府，有力监督地方人民政府依法科学配置海域海岛资源、落实海洋环境保护主体责任。近年来，国家自然资源督察每年对沿海地方人民政府开展以督促落实严格管控围填海和加强滨海湿地保护责任为重点的海洋督察，聚焦省级政府主体责任，重点督察新增非法围填海，侵占生态保护红线用海，违法违规审批用海，破坏红树林、无居民海岛和自然岸线等影响海洋生态的突出问题。针对发现的问题向有关省级人民政府发督察意见书,约谈违法违规问题突出的地市政府主要负责人,通报督察发现的重大突出问题,持续跟踪督促地方政府落实海洋生态保护主体责任。

六、提升海洋绿色低碳发展水平

中国始终关心海洋、认识海洋、经略海洋,在守牢生态安全边界的前提下,全面提高海洋资源利用效率,推动海洋经济绿色发展,不断满足人民群众对海洋的多层次多样化需求,通过高水平生态环境保护,不断塑造高质量发展的新动能和新优势。

(一) 推进海洋资源高效利用

海洋是我们赖以生存发展的资源宝库,也是建设海洋强国的重要载体,中国持续推进海洋资源节约集约利用,统筹强化海域资源要素供给,维护海洋自然再生产能力,在多重目标中寻求和实现高水平资源安全和高质量发展的良性互动。

推进海域资源节约集约利用。近年来,中国对集约节约用海积极谋划、实践探索、分类施策。在摸清海洋资源家底方面,开展海洋资源资产清查试点,为海洋资源优化配置、集约高效利用提供基础支撑。在打造标杆方面,中国首批发布 18 个海洋资源类节约集约示范县(市),将具有示范引领作用的利用模式、技术转化为可复制、可推广的制度经验,激励各类资源要素更好服务高质量发展。在海域空间资源方面,探索推进海域立体分层设权,推动海域管理模式从"平面"向"立体"转变,出台用海要素保障性措施,妥善处理围填海历史遗留问题。在行业用海方面,优化养殖用海管理,科学确定养殖用海规模布局,出台光伏项目用海管理政策,鼓励复合利用、立体开发。

加强渔业资源可持续利用。正确处理渔业资源养护与开发利用的关系,在科学评估的基础上进行合理养护和长期可持续利用。自 1995 年开始实行海洋伏季休渔制度以来,不断延长休渔期和扩大休渔范围,控制海洋捕捞强度、保护和恢复渔业资源,促进海洋渔业持续、健康发展。2003年起,先后施行海洋渔业资源总量管理制度、渔业捕捞许可制度以及海洋渔船数量与功率数"双控"制度,探索开展捕捞限额分品种、分区域管理。

(二)厚植海洋经济绿色底色

积极践行双碳目标,将绿色低碳理念融入海洋经济发展方式,可持续发展海洋渔业,绿色化发展港口航运与船舶制造,科学开发利用海洋清洁能源,海洋产业绿色转型取得积极成效。

建设现代化海洋牧场。海洋牧场作为养护水生生物资源、修复海洋生态环境的重要手段,在促进海洋渔业可持续发展方面发挥了重要作用。截至 2023 年,累计创建国家级海洋牧场示范区 169 个,年产生生态效益近 1781 亿元。海洋渔业资源养护成效明显,2019 年浙江沿岸的大黄鱼、小黄鱼、带鱼和墨鱼等资源发生量比 20 世纪 90 年代末增加了 4 倍以上,其中小黄鱼资源密度增加了 34.1%。海水养殖逐步由近海向深远海拓展,自主研制的全潜式深海智能渔业养殖装备投入运营,开创了我国独特的深远海绿色养殖模式。

港口航运与船舶制造绿色化、智能化。建设智慧港口、绿色港口,加强沿海港口清洁能源利用。青岛港构建风光氢储一体、多能互补的现代能源体系,港口清洁能源占比达 66%,智能空中轨道集疏运系统实现降低能耗 50% 以上。天津港推进"智慧零碳"码头建设,助力港口生产消耗"碳中和",降低能源消耗。推进上海港—洛杉矶/长滩港、广州港—洛杉矶港、天津港—新加坡港三条绿色航运走廊建设,航运业脱碳加速。绿色船舶和新能源船舶迅速发展,首艘甲醇双燃料动力绿色船舶可减少75%碳排放、15%氮排放和99%硫及颗粒物排放,700TEU(标准集装箱)纯电动力集装箱船全年减排量相当于种植16万棵树木,降碳减排作用突出。

海洋清洁能源蓬勃发展。海洋清洁能源利用能力不断提升,清洁能源规模扩大、占比提升。至2023年底,中国海上风电累计装机容量达到3769万千瓦,占全球比重约50%,连续四年全球排名第一。海洋可再生能源快速发展,兆瓦级潮流能发电机组"奋进号"不断地向国家电网输送绿色能源,中国自主研发的首台深远海兆瓦级波浪能发电平台"南鲲"号为远海岛礁提供清洁电力供应,深海养殖平台"澎湖"号通过搭载波浪能和太阳能发电设备及储能装置实现清洁能源自给。

(三)探索生态产品价值实现

碧海银滩就是绿水青山、金山银山。中国不断探索海洋碳汇相关制度创新,积极推动海洋生态产品经营开发,探索建立生态产品价值实现机制。

谋划建立近海生态保护补偿制度。海洋生态保护补偿是引导海洋生态受益者履行补偿义务,激励海洋生态保护者保护生态环境,构建海洋生态保护者和受益者良性互动关系,推动海洋经济可持续发展的重要手段。2021年出台《关于深化生态保护补偿制度改革的意见》,要求建立近海保护补偿制度。海南、河北、广西、江苏连云港、福建厦门等地出台与本地区实际条件相适应的海洋生态补偿政策,开展补偿实践,各地补偿激励效果逐步体现。

不断探索海洋碳汇相关制度创新。海洋碳汇是助力中国"碳达峰、碳中和"战略目标实现的重要组成部分。中国制定海洋碳汇行动计划,出台系列蓝碳调查监测技术标准,开展红树林、滨海盐沼、海草床等蓝碳生态系统碳储量调查和碳汇计量监测试点工作,实施海—气二氧化碳通量监测和海上油气平台温室气体减排监测。出台《温室气体自愿减排交易管理办法(试行)》,发布红树林营造温室气体自愿减排项目方法学,支持海洋碳汇项目参与全国温室气体自愿减排交易市场。山东、江苏、浙江、福建、广西、广东、海南等地积极开展碳普惠交易、碳汇保险、碳汇抵押等创新模式的探索。

积极推动海洋生态产品经营开发。2021年发布实施《关于建立健全生态产品价值实现机制的意见》,系统部署生态产品价值实现机制建设。有关部门发布实施《生态产品总值核算规范（试行）》《生态产品价值实现典型案例》，为生态产品价值实现机制建设提供理论技术支撑。沿海地方积极创新路径机制，浙江温州洞头创新"上级专项奖励＋地方政府自筹＋社会资本参与"模式，吸引社会资本参与"蓝色海湾"整治行动项目，推进"海上花园"建设。中国海洋发展基金会成立粤港澳大湾区首个以海洋经济为主题的生态文明建设专项基金，支持该区域海洋产业园、海洋生态公园、海洋工程中心建设等事项，加快推动海洋生态产品价值实现相关技术革新和产业发展。

持续健全海洋生态环境损害赔偿。中国高度重视海洋生态环境的损害赔偿，在 1999 年修订海洋环境保护法时，明确建立海洋生态损害国家损失赔偿工作。中国先后出台《海洋生态损害国家损失索赔办法》《关于审理海洋自然资源与生态环境损害赔偿纠纷案件若干问题的规定》，指导实施海洋生态环境损害赔偿，取得了良好的效果。2023 年，中国再次修订海洋环境保护法，进一步修改完善海洋生态环境损害赔偿制度。

（四）开展绿色低碳全民行动

积极开展多样海洋文化宣教及科普活动，增强全民环保意识、生态意识，倡导简约适度、绿色低碳、文明健康的生活方式，把绿色理念转化为全体人民的自觉行动，吸引社会各界共同爱海护海、亲海近海。

海洋生态环保意识深入人心。连续多年在世界海洋日暨全国海洋宣传日、世界地球日、世界环境日、世界湿地日等举办主题活动，在全国范围内建设 160 余家"全国海洋意识教育基地"，共同守护蓝色家园。舟山群岛—中国海洋文化节、中国（象山）开渔节等海洋节庆及中国海洋经济博览会、厦门国际海洋周等知名会展论坛，成为展现中国海洋特色文化的重要平台。建成开放"海洋上的故宫"国家海洋博物馆，成为人民了解海洋文明、认识海洋资源、重塑海洋价值观的重要课堂。连续开展 14 届全国海洋知识竞赛，每年吸引千余所高校学生及 600 万人次公众参与，全民关心海洋、认识海洋的自觉意识明显提高，经略海洋的使命感、责任感和自豪感不断增强。

全民参与海洋生态环境保护行动。海洋生态环境保护充分发挥人民力量，全社会积极行动起来，争做生态文明理念的积极传播者和模范践行者。2019年中国提出"蓝色市民"概念,连续多年开展多种项目和活动,倡导社区居民为美丽清洁海洋付出行动,支持蓝色市民成长。自2017年起,中国连续举办七届"全国净滩公益活动",组织实施"美丽海洋公益活动",打造中国自主海洋公益品牌,吸引壮大全国各地、社会各界的爱海护海力量。福建厦门面向广大市民选聘筼筜湖"市民湖长",撬动社会力量为海洋生态环境保护献计献策。海南探索建立"垃圾银行",鼓励游客参与海滩垃圾清理,通过多样化活动,营造全民参与海洋生态环境保护的良好氛围。

深入践行绿色生活方式。保护海洋生态环境人人有责。倡导滨海文明旅游,不购买珍稀海洋生物制品、不惊扰海洋生物、不向海里遗弃塑料垃圾,自觉维护海洋生态健康。越来越多的人通过自带杯、自带袋、自带餐具等方式,减少瓶装水、塑料袋、塑料餐具等消耗量,从源头减少海洋塑料垃圾产生量,践行绿色低碳、循环利用的生活方式。

七、全方位开展海洋生态
环境保护国际合作

　　海洋问题是全球性问题,保护好海洋生态环境是世界各国人民的关切。1972 年,联合国人类环境会议通过了《人类环境宣言》,海洋环境保护被列入二十六项原则之中,开启了海洋环境保护的全球行动。1982 年,第三次联合国海洋法会议通过了《联合国海洋法公约》,开启了全球海洋治理新篇章,也对海洋环境保护作出全面系统规定。国际社会陆续通过一系列海洋环境保护协定,不断推进全球海洋保护向前发展。世界各国进一步凝聚共识、汇聚合力,积极应对海洋生态环境风险挑战,致力共建一个清洁美丽的海洋。中国坚定践行海洋命运共同体理念,与国际社会多渠道、多形式、深层次开展互利共赢合作,为全球海洋生态环境保护贡献中国智慧。

（一）积极履约参与全球治理

　　中国坚持以全人类福祉为目标,发挥大国作用,切实履行海洋领域国际公约责任义务,以务实行动展现大国担当。

切实履行海洋领域国际公约责任义务。海洋生态环境问题涉及领域宽泛,中国支持以整体视角推进全球海洋生态环境保护,积极推动包括《联合国海洋法公约》在内的涉海国际条约落地见效。1996 年 5 月,中国批准加入《联合国海洋法公约》,开启中国参与全球海洋治理的新篇章。此外,加入《防止倾倒废物及其他物质污染海洋的公约》《南极条约》等 30 余项涉海领域多边条约,在更广泛、更细化领域展现中国海洋保护的决心和担当作为。在国际公约框架下,中国围绕海洋生态环境保护、资源养护、极地活动管理等建立政策体系,主动实施公海自主休渔,积极履行南极考察活动环境影响评估等环保义务,参与联合国全球海洋环境状况定期评估,定期发布落实联合国 2030 年可持续发展议程进展报告、履行《生物多样性公约》国家报告、气候变化国家信息通报等履约报告,向国际社会呈现中国海洋生态环境保护、资源保护等行动进展,在各项公约义务的履行中展现实实在在的中国贡献。

融入推动全球海洋治理。中国积极参与全球海洋治理机制建设,推动构建更加公正合理的全球海洋治理体系。积极融入多边治理,积极参与联合国环境规划署、联合国教科文组织政府间海洋学委员会、国际海底管理局、国际海事组织等国际组织机构事务,在《联合国海洋法公约》缔约国会议、南极条约协商会议等议程中发挥积极作用,2012 年以来,累计向有关极地国际组织单独或联合提交提案文件 120 余份,向国际海事组织等国际组织提交各类提案 700 余份,广泛参与环境保护、资源养护有关制度规则制定。推动国际海底管理局勘探和开发规章制定、联合国粮农组织关于渔业问题的协定和规章谈判、联合国塑料污染防治国际公约谈判等多边进程持续向前,深度参与《预防中北冰洋不管制公海渔业协定》谈判实施,促使历经近 20 年的"国家管辖范围以外区域海洋生物多样性的养护与可持续利用协定"谈判达成一致并第一时间签署,为全球海洋治理作出突出贡献。

(二) 扩大海上合作"朋友圈"

应对全球海洋生态环境问题任重道远,需要全球广泛参与、共同行动。中国坚持多边主义,以开放务实的态度发展蓝色伙伴关系,与国际社会携手建设各国共享的繁荣之海、美丽之海。

建立广泛的蓝色伙伴关系。中国与各国在自愿和合作的基础上，共商、共建全球蓝色伙伴关系。2017年，中国在联合国首届海洋可持续发展会议上发出"构建蓝色伙伴关系"倡议，推动"珍爱共有海洋、守护蓝色家园"的国际合作，随后中国发布《"一带一路"建设海上合作设想》正式提出构建蓝色伙伴关系。2021年9月，"积极推动建立蓝色伙伴关系"被全球发展高层对话会确定为中方在全球发展倡议框架下采取的具体举措之一。在2022年联合国海洋大会上，中国发布《蓝色伙伴关系原则》，发起"可持续蓝色伙伴关系合作网络"和"蓝色伙伴关系基金"，共同开展保护和可持续利用海洋和海洋资源的行动。目前，已与50多个共建"一带一路"国家和国际组织签署了政府间、部门间海洋领域合作协议，对联合各方切实推动全球海洋生态环境保护发挥了重要作用。

拓展海洋合作平台与机制。中国将海洋生态环境保护作为重点合作内容，主动为全球海洋合作搭建新平台、构建新机制，凝聚各方共识。中国以平台建设为基础引领合作，牵头建立并运行了东亚海洋合作平台和中国—东盟海洋合作中心，围绕海洋科学研究、生态环境保护、防灾减灾等与东亚及东盟国家开展务实合作。承建国际组织在华国际合作机制，包括APEC海洋可持续发展中心、"海洋十年"海洋与气候协作中心等平台，协调全球海洋与气候领域的创新与合作，促进分享和交流各国海洋生态环境保护的有益经验，为共同做好海洋生态环境保护发挥重要作用。

倡导和引领双多边合作。中国坚持共商共建共享原则，不断拓展对外合作领域。中国注重在多边平台开展对话交流，成功举办"一带一路"国际合作高峰论坛海洋合作论坛、全球滨海论坛、生态文明贵阳国际论坛、中国—东盟环境合作论坛等系列活动，推动在海洋生态保护修复、海洋灾害监测预警、海洋塑料污染防治等一系列领域合作取得新进展。中国重视国家间的互利共赢合作，与多个国家建立长期的双边海洋合作机制，持续在多个领域开展合作与交流。中国积极为发展中国家提供技术能力支持，与印尼、泰国、马来西亚、柬埔寨、斯里兰卡、巴基斯坦、尼日利亚、莫桑比克、牙买加等多个国家共建海洋联合研究中心、联合实验室、联合观测站等平台，为发展中国家强化海洋生态环境保护发挥了积极作用。联合他国开展海洋濒危物种研究、黄海环境联合调查、珊瑚礁监测与数据收集、海洋垃圾及微塑料污染防治等项目，合作成果为区域海洋生态环境保护注入更多活力。

（三）拓展深海极地科考合作

保护好深海极地生态环境是人类的共同责任。作为深海极地事务的重要参与者、有力推动者和积极践行者，中国积极引领国际深海极地探索研究，与国际社会一道共同促进深海极地可持续发展。

协同推进深海研究探索。积极参与国际海底事务，科学统筹深海调查，加强深海生态环境保护。中国在深海领域开展了 80 余个航次的科学调查，分别与俄罗斯、日本、尼日利亚、塞舌尔、印尼等国实施联合科考，为各国加深对深海生态系统的认知做出不懈努力。利用地球科学调查成果，2011 年起，连续 10 余年向国际海底地理实体命名分委会提交海底命名提案，其中 261 项命名通过审议，为人类更清晰了解深海地理环境作出贡献。中国基于深海生物资源调查成果，建立库藏量和种类数世界领先的海洋微生物资源库，助力人类深化对深海生物生命过程的认知。

共同深化极地认知。中国坚持依据国际法保护南北极自然环境，积极参与应对南北极环境和气候变化挑战国际合作。在第 40 届南极条约协商会议上，中国牵头 10 余个国家联合提出"绿色考察"倡议，获得大会以决议形式通过，开启了南极考察的新篇章。建成 5 个南极考察站，在挪威、冰岛分别建立 2 个北极考察站，为数千名科学家开展极区观测、生物监测、冰川研究等提供重要平台。组织了 13 次北冰洋科考和 40 次南极科考，与美国、俄罗斯、澳大利亚、冰岛、新西兰等国家签署谅解备忘录或联合声明，同 10 余个国家开展国际合作，作为主要参与国参加迄今为止规模最大的北极科考计划"北极气候研究多学科漂流冰站计划"，牵头实施"国际北冰洋洋中脊联合探测计划"国际合作，与多国合作实施南极研究科学委员会的南极冰盖"环"行动组任务，为人类深入了解极地对全球海洋生态系统的影响作出积极贡献。

（四）广泛开展对外援助培训

面对海洋生态环境恶化的全球性挑战，各国是同舟共济的命运共同体。中国与国际社会团结合作，在实现自身发展的同时更多惠及其他国家和人民，为深化全球海洋生态环境保护贡献中国力量。

广泛开展对外援助。中国通过多种方式，尽己所能为广大发展中国家应对海洋生态环境问题提供支持和帮助。2012 年，中国启动"中国政府海洋奖学金"项目，为包括共建"一带一路"国家在内的 45 个国家培养超过 300 位海洋相关专业的硕士和博士,为发展中国家培养青年海洋科学人才和管理人才。向泰国、柬埔寨、佛得角等多个国家提供海洋空间规划、海洋经济规划、海平面上升评估等方面技术援助。举办《伦敦公约》及 1996 年议定书海洋倾废管理技术研修班,面向非洲、拉丁美洲国家传播海洋生态环境保护理念与技术。

积极开展对外培训。中国建成中国—国际海底管理局联合培训和研究中心、国际海洋学院—中国西太平洋区域中心、IOC 海洋动力学和气候培训与研究区域中心、全球海洋教师学院天津区域培训中心等多个中心,打造发展中国家海洋教育、培训和公众海洋意识培养平台。举办各具特色的培训班,积极分享海岸带综合管理、海洋治理和海洋生态环境保护等知识和实践经验,每年约培训 500 人,为发展中国家提高科研人员海洋生态环境保护技术能力作出积极贡献。

结　束　语

海洋是人类赖以生存的蓝色家园。面对海洋环境问题的全球性挑战，全人类是休戚与共的命运共同体。保护海洋生态环境、推动海洋可持续发展，是全人类的共同责任。

当前，中国已迈上以中国式现代化全面推进中华民族伟大复兴的新征程，海洋事业迎来重大历史机遇期。保护海洋生态环境是加快建设海洋强国、实现人海和谐共生的根本要求和基础保障。

新征程上，中国坚持新发展理念，推进生态文明建设，继续构建人海和谐的海洋生态环境。中国坚守胸怀天下、合作共赢的精神，以实际行动践行海洋命运共同体理念，愿与世界各国一道，同筑海洋生态文明之基，同走海洋绿色发展之路，让海洋永远成为人类可以栖息、赖以发展的美好家园，共同建设更加清洁、美丽的世界。

责任编辑：刘敬文　王新明

图书在版编目（CIP）数据

中国的海洋生态环境保护 ／ 中华人民共和国国务院新闻办公室著. -- 北京：人民出版社，2024. 7. -- ISBN 978 - 7 - 01 - 026670 - 1

Ⅰ. X145

中国国家版本馆 CIP 数据核字第 2024XY3968 号

中国的海洋生态环境保护

ZHONGGUO DE HAIYANG SHENGTAI HUANJING BAOHU

（2024 年 7 月）

中华人民共和国国务院新闻办公室

人民出版社 出版发行

（100706　北京市东城区隆福寺街 99 号）

中煤（北京）印务有限公司印刷　新华书店经销

2024 年 7 月第 1 版　2024 年 7 月北京第 1 次印刷

开本：787 毫米×1092 毫米 1/16　印张：4. 5

字数：36 千字

ISBN 978 - 7 - 01 - 026670 - 1　定价：20. 00 元

邮购地址 100706　北京市东城区隆福寺街 99 号

人民东方图书销售中心　电话 （010）65250042　65289539